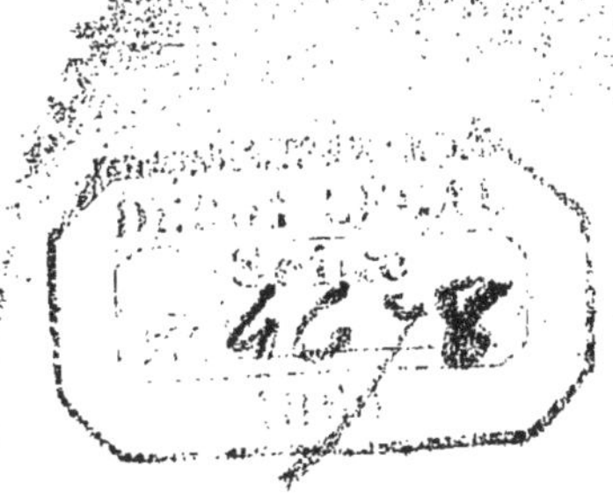

LES EAUX MINÉRALES

DE

CONTREXÉVILLE

PARIS

AU BUREAU DE LA *GAZETTE DES EAUX*,
rue Jacob, 30

JUIN 1860

LES EAUX MINÉRALES

DE

CONTREXÉVILLE

PARIS

AU BUREAU DE LA *GAZETTE DES EAUX*

rue Jacob 30

—

JUIN 1860

PARIS.—IMPRIMÉ CHEZ BONAVENTURE ET DUCESSOIS, 55, QUAI DES AUGUSTINS.

Contrexéville est au nombre des établissements minéraux qui n'ont plus besoin qu'on en développe les mérites. Sa réputation est faite et ne se discute plus. Les praticiens les plus recommandables et les plus autorisés ont formulé à l'égard de cette station bienfaisante une opinion unanime que des considérations nouvelles ne peuvent ni modifier, ni rendre plus formelle.

Les observations médicales auxquelles ont donné lieu les cures faites à Contrexéville, depuis plus d'un siècle, se sont accumulées entre les mains des praticiens ; c'est pour eux une connaissance pour ainsi dire élémentaire, et une publication nouvelle ne saurait y ajouter.

« Les longs et brillants services des eaux de Contrexéville, a dit M. Ossian Henry, mettent hors de doute leur puissante efficacité. »

Le but de la présente notice n'est donc que de rappeler

aux hommes de la science les titres de ces sources intéressantes à leur attention, et de confirmer les gens du monde dans la confiance que des traditions de vieille date leur ont donnée en ses vertus secourables. Le moyen le plus facile d'atteindre ce double résultat est de réunir ici les opinions qui ont été exprimées sur Contrexéville. Ce qu'on va lire n'est donc pas un traité nouveau, qui semble désormais inutile, mais la reproduction textuelle des principales considérations publiées sur Contrexéville par les hommes qui depuis longues années se sont consacrés à l'étude de ses eaux. C'est le résumé des écrits de Bagard, de Thouvenel, de Mamelet, de MM. Trousseau, Civiale, Baud, Treuille, Lepage et Legrand du Saulle.

Contrexéville est une commune de sept cents habitants environ située dans le canton de Vittel, arrondissement de Mirecourt (Vosges), à trois cents kilomètres de Paris, soixante-dix de Nancy, quarante-six d'Épinal, cinquante-six de Plombières, vingt-cinq de Neufchâteau, trente-cinq de Domrémy.

Le chemin de fer y conduit, en huit heures, jusqu'à la station de la Ferté-Bourbonne, et de cette station une bonne diligence, correspondant avec les trains express et pour laquelle on peut retenir les places à Paris, parvient en quatre heures à Contrexéville.

Les lettres et journaux y sont reçus en treize heures, et un bureau télégraphique est établi à Mirecourt, à 30 kilomètres.

Le village occupe le fond d'une vallée qui s'ouvre du sud au nord. Quand on s'y rend, on n'aperçoit son clocher que de très-près ; on ne le voit lui-même, avec ses maisons et ses vergers, que lorsque l'on est arrivé. Il est traversé par une petite rivière, le Vair, qui prend sa source non loin, et qui, augmentée d'un autre ruisseau, le Suriauville, court à travers une prairie charmante se jeter dans la Meuse, près de Domrémy.

Le sol sur lequel est assis Contrexéville, à une profondeur de plusieurs mètres, a pour base des couches d'alluvion, infiltrées par des nappes d'eau souterraines jusqu'à une petite distance de la surface.

Le pays est, en général, humide en raison de cette nature du sol, et froid, à cause de son élévation barométrique, — 350 mètres environ au-dessus du niveau de la mer — et de sa proximité de la chaîne des Vosges. Cependant, grâce à l'élévation du plateau au pied duquel le village est placé, lequel est un des points culminants de la France, l'air y est vif et non moins sain que dans la plupart de nos stations minérales.

Contrexéville est entouré de plaines fertiles, de prairies et de belles forêts. L'agriculture en fut longtemps la seule ressource ; les eaux minérales et le mouvement commercial y ont fait naître un peu d'industrie.

Les promenades de la Glacière et de Bellevue, dépendant de l'établissement, dans le village même; la grande avenue du champ Calot, à travers les bois de Contrexéville, à deux kilomètres; les ruines de la Mothe (vingt-cinq kilomètres), ancienne ville de France dont le siége a été fait en 1634, et où l'on fit usage de la bombe pour la première fois; le chêne des Partisans (quatorze kilomètres), but fréquent d'excursions, dans la belle forêt de Saint-Ouen; les gracieuses vallées de Bonneval et de Chèvre-Roche (quatorze kilomètres); les forges de la Hutte et de Droiteval (vingt-deux kilomètres); les belles verreries et tailleries de la Planchotte, la Rochère et Clairfontaine (vingt-huit kilomètres); les houillères de Norroy et de Crainvilliers (douze kilomètres), situées dans des vallons très-pittoresques, offrent aux étrangers des buts de promenades et des motifs de distraction. Enfin, à six kilomètres dans la direction du village de Dombrot, on rencontre une montagne dite le Haut de Salin, d'où le regard embrasse un horizon immense vers les montagnes des Vosges et du Jura. Beaucoup de buveurs profitent de leur séjour à Contrexéville pour visiter les montagnes des Vosges et les établissements thermaux qu'elles renferment, et reviennent à Contrexéville faire une nouvelle saison.

Plusieurs bons hôtels reçoivent les étrangers et les visiteurs. L'hôtel de l'établissement, restauré presqu'à neuf et meublé confortablement, mérite la réputation qu'il a acquise dans ces dernières années. Le village offre en outre les ressources désirables.

Le service médical est assuré. L'État y est représenté par un médecin inspecteur.

Placé au centre du village, l'établissement, dont les constructions premières, dirigées par le docteur Thouvenel, remontent à 1774, est une magnifique propriété complétement restaurée et considérablement agrandie, comprenant sur de larges proportions l'établissement proprement dit, les sources, les bains dont l'importance et l'installation répondent maintenant d'une manière suffisante aux exigences de la cure, des logements nombreux, un salon de réunion et de musique, une salle de billard, un salon de lecture, une vaste salle à manger; puis des jardins soigneusement entretenus et un grand et beau parc bien ombragé, avec ponts et passerelles jetés sur les eaux du Vair et du Suriauville qui le parcourent.

Les sources minérales sont au nombre de trois; elles sont connues sous les noms de *source du Pavillon*, *source du Prince* et *source du Quai* ou *des Bains*.

Le nom de la source du Prince lui vient du prince de Poix, qui s'était fait construire une maison à Contrexéville, vers 1780, et qui avait fait aménager cette source pour son usage. Ce fut du reste, à cette époque, la coutume des personnages qui vinrent les premiers, sur la connaissance donnée par le docteur Bagard et sur les conseils de Thouvenel, chercher la santé aux eaux de Contrexéville. Des pavillons, qui sont aujourd'hui enclavés dans l'établissement, portaient les noms de pavillon d'Artois, de Maillé, de Cossé et de Breteuil.

La principale source, source du Pavillon ou de la Buvette, est aménagée sous un joli pavillon de forme octogone, au milieu duquel se trouve le puits où elle prend son émergence.

« Deux allées de chaque côté du jardin, dont les massifs de fleurs se trouvent devant la façade principale de l'établissement, conduisent, dit M. le docteur A. Rotureau, au pavillon bâti entre le parc et le jardin, au centre d'une galerie demi-circulaire. L'entrée par la galerie de gauche donne sur une grande pièce chauffée au commencement et à la fin de la saison. Cette galerie, dallée d'asphalte, bordée de deux cordons d'incrustations de mosaïque, dont les damiers sont de porcelaine blanche et jaune, est supportée par dix-sept colonnes de bois peint et éclairée par seize fenêtres en ogive ayant vue sur le parc. La galerie de droite n'est pas encore achevée. Le pavillon, qui occupe le centre, est surmonté d'un dôme peint en blanc, dallé comme la galerie, éclairé par cinq fenêtres et par une porte vitrée qui conduit à une des allées du parc. »

L'orifice du puits est recouvert par deux pierres de taille et protégé par un grillage de fer ornementé.

L'eau s'en échappe par deux ouvertures, au niveau du sol, et tombe dans un bassin de pierre en forme de lyre, et de là dans un canal de décharge qui la conduit dans le Vair. Pour puiser l'eau dans ce bassin, ou recevoir l'eau qui s'écoule du puits par les deux ouvertures, on descend par deux marches de pierre dans un palier en forme de demi-lune.

Les ouvertures, le bassin et le canal de décharge sont enduits d'une matière ocracée et onctueuse qui se précipite dans l'eau par son contact avec l'air atmosphérique, et se détache facilement par le frottement et le lavage.

Cette source est très-abondante : elle donne en moyenne 100 litres à la minute, soit 6,000 litres à l'heure, ou 144,000 litres par vingt-quatre heures.

Des travaux de captage et de réparations, faits au commencement de la saison de 1859, ont donné les résultats les plus satisfaisants. Ces travaux, exécutés sous l'habile direction de M. Jutier, ingénieur des mines du département, ont mis la source du Pavillon à l'abri de toute altération par les eaux étrangères, aussi bien qu'ils la préserveront désormais de tentatives plus ou moins bien intentionnées qui pourraient affecter l'importance et la régularité de son rendement[1].

[1] Ce qui vient d'être dit a trait au fait dénoncé par M. le docteur A. Rotureau, dans son livre sur *les principales eaux minérales de l'Europe, —France :* « M. l'inspecteur Baud, dit cet écrivain hydrologiste, a fait creuser un puits sur son terrain, voisin de l'établissement, et depuis que les eaux ont trouvé cette nouvelle issue, les trois sources ont complétement disparu. »

Le fait du creusement d'un puits par M. Baud est réel ; mais, quant à ses conséquences, la version de M. Rotureau est inexacte. Il est vrai qu'au moment où l'eau a jailli dans le puits de l'inspecteur, la régularité du rendement des sources en a été affectée ; il est vrai encore que les ouvriers de M. Baud ayant installé une pompe dans ce puits et ayant pompé à outrance, ce rendement s'est trouvé un instant suspendu ; mais les sources de Contrexéville sont une richesse nationale à laquelle il n'est pas besoin de la déclaration légale d'intérêt public pour qu'elle soit sous la sauvegarde de l'administration. Les recherches que l'inspecteur avait entreprises, sans penser qu'elles étaient contraires à son mandat, ont été interrompues par arrêté supé-

Les deux sources du Prince et du Quai, captées avec un soin égal, sous la direction du même ingénieur, présentent peu de différence avec la source du Pavillon ; elles servent aussi à l'usage interne, mais elles sont spécialement employées à l'usage des bains.

Elles sont placées à 50 mètres de la source du Pavillon, et sortent pareillement de puits très-bien construits. Malgré leur proximité de la rivière du Vair, leur volume d'eau est assez constant : des expériences réitérées pendant les sécheresses et les grandes pluies ont prouvé qu'elles n'augmentaient et ne diminuaient que peu sensiblement.

Leurs eaux s'écoulent dans deux bassins en forme de coquille et disposés symétriquement ; de là elles sont conduites, à l'aide de tuyaux, dans un bassin commun de forme circulaire. Ce bassin-réservoir sert à l'alimentation des bains, et l'excédant des eaux tombe dans un canal de décharge débouchant dans la petite rivière du Vair. Ces puits et réservoirs sont placés près de l'établissement des bains, à 0^{m},75 en contre-bas du sol environnant : de deux côtés on descend un escalier de cinq marches rachetant cette différence de niveau.

Cette partie de l'établissement est à ciel ouvert ; mais des dispositions sont prises pour placer au-dessus des sources et des bassins un pavillon élégant qui leur donnera un aspect plus agréable.

rieur, et d'ailleurs les travaux de captage dirigés par M. Jutier ont mis bon ordre au retour de semblables accidents.

La quantité totale d'eau que fournissent les trois sources du Pavillon, du Prince et du Quai est considérable : le rendement de la source du Quai est de 86,400 litres, celui de la source du Prince de 28,200 ; c'est l'énorme quantité de 258,600 litres par vingt-quatre heures pour l'établissement.

L'eau minérale de Contrexéville appartient, d'après les anciennes classifications, à la classe des eaux carbonatées, acidulées et ferrugineuses ; d'après M. Ossian Henry, à celle des eaux salines sulfatées, calcaires et magnésiennes ; la dénomination que lui donne le *Dictionnaire d'hydrologie médicale* est celle de *sulfatée calcique.*

Elle a un goût de fer ; elle est fraîche, douceâtre et légèrement acidulée ; « légèrement amarescente d'abord, puis atramentaire » dit M. Baud.

Sa limpidité est parfaite, et les variations de volume ne l'altèrent en rien.

Sa température fixe est de 10 à 11 degrés centigrades.

Des analyses en ont été faites à plusieurs époques par MM. Fodéré, en 1822, Collard du Martigny, en 1828, Ossian Henri, en 1852 ; voici celle plus récente faite au bureau d'essai de l'École des mines, en 1860.

	SOURCES		
	du PRINCE.	du PAVILLON.	du QUAI.
Résidu de l'évaporation d'un litre d'eau..	grammes 2.14	grammes 2.58	grammes 1.98
On a dosé par litre :			
Acide carbonique libre	traces	traces	traces
— — des bicarbonates	0.19	0.18	0.16
— — des carbonates	0.19	0.16	0.14
— chlorhydrique	0.01	0.02	0.01
— sulfurique	1.40	1.10	1.01
Silice	0.01	0.01	0.01
Oxide de fer	traces	traces	traces
Chaux	0.74	0.99	0.76
Magnésie	0.05	0.04	0.05
Soude	0.31	0.32	0.08
Totaux	2.50	2.82	2.22

Bien que le fait n'ait pas été reconnu dans cette analyse, nous ajouterons que M. Chevallier a trouvé l'arsenic dans le résidu de l'eau et que M. Nicklès, chimiste distingué, a signalé en particulier, dans l'eau de Contrexéville, la présence d'un nouvel élément chimique, le fluor, dont on ne connaît pas encore très-nettement les propriétés physiologiques et thérapeutiques.

« J'en ai trouvé, dit M. Nicklès, en quantités sensibles à l'état de fluorures. L'eau de Contrexéville en est bien plus riche que celle de Plombières... »

« La spécialité des eaux de Contrexéville est très-formelle, dit le *Dictionnaire général d'hydrologie*, elle s'applique au traitement de la *gravelle* et du *catarrhe vésical.* Ces eaux ont également été fort recommandées dans la *goutte*. Enfin leur usage peut accessoirement modifier quelques autres états morbides.

« Elles sont surtout usitées en boisson ; mais il serait utile, dans bien des cas, de les administrer en bains et en douches plus qu'on ne le fait.

« Elles sont prises généralement à doses élevées et rapprochées. Leur premier effet, et le plus constant, est un effet diurétique. La quantité d'urine rendue paraît excéder la proportion de l'eau minérale ingérée. En outre, sous l'influence de boissons abondantes, et très-facilement tolérées, on voit souvent survenir un peu de diarrhée, des sueurs abondantes, et des phénomènes d'excitation générale : accélération de la respiration, de de la circulation, excitation des fonctions génitales, augmentation des règles, etc.

« Chez les individus affectés de gravelle, on voit presque constamment des émissions abondantes de sable rouge paraître rapidement, les douleurs rénales se dissiper, les coliques néphrétiques s'éloigner ou cesser entièrement.

« Cette action très-salutaire de l'eau de Contrexéville sur la gravelle est incontestée et incontestable. »

« Les eaux de Contrexéville, dit aussi M. Treuille, sont prescrites à la dose de trois ou quatre verres durant les premiers jours, et, les jours suivants, selon une proportion progressive, on augmente la dose d'absorption, qui doit diminuer, dans la même proportion, pendant les derniers jours du traitement.

« Voici quels sont leurs premiers effets sur les buveurs : la respiration et la circulation sont accélérées ; toutes les sécrétions, et en particulier les urines et les selles, sont augmentées d'une manière très-notable.

« Plus tard, après quelques jours d'usage, les eaux produisent des phénomènes bien marqués sur le système nerveux. On se sent pris d'une mobilité inaccoutumée ; on est sujet à l'insomnie, on fait des rêves fatigants, et les fonctions génitales éprouvent une surexcitation. Puis, tout l'organisme retombe dans une apathie générale.

« Ces résultats démontrent qu'il ne convient pas de les prendre à doses trop élevées. Leur très-puissante action sur toutes les fonctions de l'économie pourrait troubler l'équilibre de la santé générale. C'est pourquoi nous ne saurions trop avertir des dangers que courent les personnes qui, avec ou sans l'approbation de leurs médecins, absorbent, dans une même journée, quinze, vingt et jusqu'à trente verres de ces eaux, si bienfaisantes lorsqu'elles sont prises avec méthode et modération. Les absorber en pareille quantité est un excès condamnable, et auquel, par malheur, trop de buveurs semblent être portés. Nous ne craignons pas de leur dire que les débauches d'eau guérissante peuvent aboutir exactement aux mêmes résultats que les débauches d'un autre genre. »

Il ne faudrait donc pas prendre au pied de la lettre cette opinion de M. Patissier qui, faisant remarquer la faible proportion et la nature des principes actifs que recèle l'eau de Contrexéville, s'étonne des qualités lithotriptiques jusqu'ici attribuées à cette eau minérale. « L'eau de Contrexéville, dit-il, est tellement amie de l'estomac, que ses hôtes peuvent impunément en boire *dix litres* dans une matinée. »

« L'eau de Contrexéville, dit encore M. Treuille, ne doit être bue que le matin à jeun, et à la dose de dix verres tout au plus. En effet, si on la prend dans la journée, après, entre ou pendant les repas, — purgative comme elle l'est, —elle trouble le travail de la digestion; et le complique de telle sorte que les effets naturels du traitement s'en trouvent empêchés.

« Elle est, avant tout, diurétique. Une heure à peine après son ingestion, — c'est-à-dire après le quatrième verre,—l'effet commence à se produire, et l'urine, évacuée dans la matinée, est environ d'un tiers supérieure en quantité à l'eau bue. Vivement sollicités, les reins exercent énergiquement leur fonction excrétoire et soustraient à l'économie plus de liquide que dans l'état normal.

« La cure est de vingt et un jours. Cette durée ne peut pourtant pas être considérée comme absolue. On doit continuer à boire plus longtemps si l'état morbide se perpétue et tant qu'il subsiste. Du reste, la saturation se produisant toujours par une répulsion instinctive, on est assez averti de l'heure à laquelle la médication doit être abandonnée. Cette saturation survient le plus souvent entre le seizième et le vingtième jour. »

Bagard, premier médecin du roi Stanislas, est le premier qui ait parlé des eaux de Contrexéville.

« Elles sont en général, dit-il, très-favorables aux maladies des nerfs. Elles détergent, consolident les ulcérations internes et externes. Elles ont guéri les maladies de la peau les plus rebelles et les plus invétérées.

« Elles sont bonnes pour prévenir les retours de la goutte, en rétablissant la souplesse des nefs et des parties membraneuses desséchées par l'humeur de la maladie.

« Elles conviennent dans les cas de ce vice de la lymphe que caractérise une acrimonie scrofuleuse.

« Elles sont souveraines dans les maladies des reins, des urétères, de la vessie et de l'urètre : telles que la pierre, la gravelle, les glaires, les suppurations, les ulcères de ces parties et les carnosités de l'urètre. Nous osons avancer, dit l'auteur, sur des témoignages non équivoques, que les eaux de Contrexéville sont souverainement efficaces contre la pierre, qu'elles détachent et font sortir de la vessie quand elle n'est que d'une grosseur médiocre, qu'elles ont la propriété de dissoudre en fragments, quand elle est plus grosse et d'une nature plâtreuse et graveleuse, voire même en partie plâtreuse et en partie graveleuse et murale.

« Comme ces eaux contiennent des parties ferrugineuses, un acide minéral et du savon, elles seront très-utiles dans le cas d'épaississement de la bile et dans les obstructions du foie ; avec d'autant plus de raisons que ces eaux ont quelquefois la vertu purgative.

« Nous avons mis dans un vaisseau de verre rempli d'eau de Contrexéville treize pierres animales, de la grosseur d'un bon pois chacune, dures et solides; elles sont restées en macération sur la cheminée, pendant trois jours, sans rien perdre de leur dureté; mais le quatrième, elles ont commencé à s'amollir sur leur surface et à se séparer en fragments; ces fragments se sont divisés et dissous, et les pierres se sont réduites en graviers. Il suit de cette expérience que l'injection de l'eau minérale dans la vessie serait une liqueur naturelle dissolvante du calcul dans ce viscère. »

Quatorze ans plus tard, en 1774, Thouvenel s'exprimait ainsi sur le même sujet :

« Les eaux de Contrexéville sont éminemment diurétiques et dissolvantes; elles ont l'avantage de parvenir à la vessie sans avoir éprouvé d'altérations sensibles, ce qui, outre la quantité considérable et la grande promptitude avec laquelle elles y arrivent, semble prouver qu'elles y sont portées par d'autres voies que celles de la circulation générale. »

Thouvenel s'assura, par de nombreuses expériences, que les calculs se dissolvaient ou se divisaient bien plus promptement et plus complétement dans l'eau de Contrexéville que dans l'eau ordinaire. « Un certain nombre de ces concrétions restent réfractaires, dit-il, et cette résistance dépend moins de leur nature chimique que de leur plus ou moins grande cohésion.

« Dans le cas où il nous est donné de prévenir la formation des pierres ou leur accroissement, ce ne peut être qu'en fournissant aux urines un véhicule aqueux, capable d'empêcher la réunion et la congestion des matières calculeuses, graveleuses ou glaireuses, soit en opérant la dissolution, soit en en procurant l'expulsion. Ces propriétés diurétiques et apéritives d'une eau paraissent dépendre d'un degré de salinité médiocre en deçà et au delà duquel elles changent ou diminuent. »

A une époque plus récente, Mamelet, ancien chirurgien de l'armée impériale, que Thouvenel attira dans ses dernières années à Contrexéville, publia un mémoire plein de faits d'une haute valeur, qu'on peut résumer par les propositions suivantes :

« Les eaux de Contrexéville sont souveraines dans les affections graveleuses et calculeuses des reins et de la vessie ; elles détachent les couches externes de ces corps étrangers, les divisent et les entraînent avec une énergie remarquable par les voies naturelles.

« Elles guérissent les catarrhes des voies digestives et génito-urinaires, et quand ces affections ont un principe métastatique, elles rappellent et rétablissent les évacuations supprimées ou diminuées.

« Leur action est évidente dans la goutte, dont elles éloignent et affaiblissent complétement les accès. Plusieurs goutteux semblent radicalement guéris.

« Elles sont très-favorables aux personnes disposées aux affections cérébrales ou déjà atteintes de ces maladies.

« A l'extérieur, elles sont d'une efficacité marquée, soit en douches, soit en injections, dans le catarrhe de la vessie, du rectum et du vagin.

« Elles favorisent la cicatrisation des vieux ulcères et surtout de ceux entretenus par les vices dartreux, scrofuleux ou vénériens.

« Elles sont un très-bon collyre dans l'ulcération des paupières. »

C'est aussi vers le même temps que le docteur Civiale (*Traitement de la pierre et de la gravelle*, 1828) disait des eaux de Contrexéville :

« Il me paraît démontré que les eaux de Contrexéville possèdent la propriété d'exciter fortement la contractilité de l'appareil urinaire, et que cette propriété les rend utiles pour déterminer l'expulsion des gros graviers, en même temps qu'elle conduit à un diagnostic plus certain de la pierre vésicale, question qui a plus de portée qu'on ne pense; tandis qu'à Vichy, je le répète, les eaux sont propres surtout à modifier utilement la sécrétion rénale, et qu'elles exercent sur la contractilité de la vessie un effet sédatif tel qu'aux eaux grand nombre de malades cessent momentanément de souffrir et se croient guéris. »

Ces diverses opinions sont recueillies et résumées par M. le docteur Rotureau, qui ajoute que l'eau de Contrexéville, bien administrée, produit inévitablement une action tonique et reconstituante sur les convalescents, sur les sujets anémiques et sur tous ceux auxquels une médication ferrugineuse est indiquée. « On est heureux, dit-il en concluant, de pouvoir appliquer un moyen hydro-minéral qui, tout en causant des effets plus importants, soutient ou remonte une constitution débilitée par une diathèse ancienne ou par de longues douleurs. »

« Enfin, dit aussi le *Dictionnaire d'hydrologie médicale*, l'usage des eaux de Contrexéville s'est montré quelquefois salutaire, comme celui de la plupart des eaux minérales, dans des cas de dyspepsie, de gastralgie, de désordres divers des fonctions hépatiques ; mais ces faits ne sauraient créer une spécialité d'application à côté de celle si marquée que nous avons reconnue à ces eaux minérales. »

En donnant, d'après les auteurs les plus autorisés, cet aperçu sommaire de ce que M. Baud appelle assez plaisamment les *maladies Contrexévillaines*, on n'entend pas ici aborder le chapitre des distinctions subtiles admises par dautres auteurs dans les affections qui viennen se soumettre à la cure minérale de Contrexéville : des cas de goutte compliquée de gravelle, des cas de gravelle compliquée de goutte, des exemples de goutte et de gravelle réunies, de goutte compliquée d'asthme, etc. Ce relevé et ses subdivisions infinies conduiraient cette notice, qui n'a aucune prétention scientifique, au delà des limites qui lui sont assignées.

On entreprendra maintenant, d'une manière rapide, l'examen des principales affections traitées à Contrexéville et de la manière dont elles se comportent avec la *cure contrexévillaine* (Dr Baud). On ne saurait mieux faire, à cet égard, qu'extraire les pages qui vont suivre, et sous forme de résumé, de l'excellente brochure publiée par M. le docteur Treuille à la suite d'un séjour qui lui a été particulièrement salutaire.

DE LA GRAVELLE.

« Nous posons en fait qu'*il n'existe qu'une seule espèce de gravelle, la diathèse urique*, elle ne varie que dans sa composition chimique, en raison de telle ou telle prédisposition pathologique de l'appareil urinaire. L'on doit dire des eaux de Contrexéville, que si elles ne détruisent pas entièrement la diathèse de la gravelle, elles la modifient à un tel point qu'elles mettent les malades à l'abri des souffrances et des accidents, souvent pour le reste de leur vie.

« Les causes de la gravelle sont multiples et complexes; mais, dans la production de ces causes, c'est l'hérédité qui, selon nous, joue le principal rôle.

« Après les causes diathésiques héréditaires, viennent les causes déterminantes :

« L'usage habituel des aliments suranimalisés et surabondants, des liqueurs spiritueuses, en un mot, les plaisirs de la table sont regardés par tous les médecins comme les causes qui prédisposent le plus à la gravelle.

« Après la gourmandise vient l'obésité, qui n'en est le plus souvent que le complément. A part quelques exceptions, qui sont la conséquence trop directe de l'hérédité, il est rare, en effet, de rencontrer un graveleux maigre, efflanqué. Tous ou presque tous ont une prestance carrée, un certain degré d'obésité, et sont, en un mot, solidement constitués. L'obésité, même diathésique, c'est-à-dire celle qui n'est pas la conséquence d'un régime exagéré, indique déjà l'excès de nutrition et le défaut d'excrétion.

« L'abus des plaisirs vénériens joue un rôle plus considérable qu'on ne le suppose dans les causes déterminantes de la gravelle; les phénomènes d'innervation et l'ébranlement nerveux dont le retentissement se produit directement sur l'appareil génito-urinaire, sont, pour ainsi dire, une cause permanente d'irritation et d'inflammation des parties de cet appareil, une cause permanente de trouble dans ces fonctions.

« En ce cas, il y a, si j'ose dire, complicité des causes ; car tout individu qui épuise ses forces de cette manière éprouve la nécessité de les réparer amplement au moyen d'une nourriture abondante, succulente, excitante, fortement azotée.

« La vie sédentaire, le décubitus prolongé, sont encore des causes déterminantes de premier ordre et qui se lient aux précédentes.

« La suppression de la transpiration habituelle, la disparition subite des hémorrhoïdes, une constipation opiniâtre sont des causes déterminantes de second ordre; mais elles ont encore assez de puissance, dans le développement de cette affection, pour que l'on ne néglige pas de les indiquer.

« Chez les femmes, en outre, l'insuffisance de la menstruation ou sa disparition normale.

« La symptomatologie des graveleux se traduit ordinairement par un sentiment de chaleur, de douleur et de pesanteur dans la région des reins. Généralement, par la percussion, on trouve le rein malade plus volumineux qu'à l'état normal. Quelquefois on détermine de la douleur par la pression ; parfois aussi la douleur devient lancinante dans l'exécution de certains mouvements.

« Si on examine alors les urines, on les trouvera certainement chargées d'un sable rouge-brique qui se déposera par le refroidissement, adhérera fortement aux parois du vase, et les urines seront acides en excès.

« Si le sable vient à s'agglomérer, à former des graviers, ces graviers ne seront expulsés de l'appareil urinaire qu'en causant aux malades les douleurs les plus atroces, décrites, dans les traités spéciaux, sous le nom de *coliques néphrétiques*. Leur intensité n'est pas toujours en rapport avec le volume des graviers engagés dans la filière des voies urinaires.

« Le pronostic de la gravelle est très-sérieux, surtout quand elle existe avec tout le cortége habituel de ses complications. Beaucoup de vieillards succombent à l'envahissement de la maladie, quand la vitalité individuelle n'a plus assez de force pour opérer une réaction. Pour les raisons contraires, le pronostic offre moins de gravité chez les adultes.

« Pourtant, la mort peut quelquefois arriver pendant les crises de coliques néphrétiques ; mais, par bonheur, des résultats si graves sont fort rares.

« Puisque la gravelle, ou plutôt les accidents qu'elle cause, peuvent quelquefois amener une terminaison funeste, il ne faut rien négliger pour se débarrasser de cette affection. Traitement hygiénique, traitement prophylactique, traitement curatif, tous doivent être mis en œuvre, même dès qu'on peut être convaincu qu'on en est atteint.

« En dehors des eaux minérales, tous les moyens employés ou préconisés contre la gravelle sont et ne peuvent être que des palliatifs. Mais si les eaux minérales elles-mêmes ne produisent pas toujours l'effet attendu, on retirera du moins, et quand même, un résultat réel au moyen du régime et des précautions hygiéniques rigoureuses.

« Avant tout, il importera que le malade change ses habitudes gastronomiques. Il faudra que désormais sa nourriture soit peu abondante, et surtout privée des éléments azotés qui constituent la suranimalisation. Donc, viandes blanches, volaille, légumes herbacés, vin de Bordeaux coupé avec moitié d'eau, voilà ce qui devra constituer son alimentation principale. Les liqueurs alcooliques seront absolument proscrites. Sans se priver complétement des acides, on ne les recherchera pas; on prendra garde d'en faire abus. L'oseille, les tomates, les haricots verts, les fruits aigres, devront être évités. Quant aux asperges, elles sont formellement interdites. La perturbation qu'elles produisent sur le système réno-vésical est tellement forte qu'elle suffit à elle seule pour déplacer en masse des concrétions qui peut-être n'auraient causé isolément aucune douleur.

« De plus, il est indispensable que les personnes atteintes de la gravelle ne se laissent pas aller aux habitudes nonchalantes auxquelles elles n'ont que trop de tendance en raison de leur constitution. Il faut qu'elles prennent un exercice quotidien et soutenu, qui, par la transpiration, excite les sécrétions.

« Enfin, il est de toute nécessité, selon nous, que les graveleux guéris ou non guéris, afin d'éviter le retour du mal et d'exciter le mieux, ne manquent pas une seule année d'aller faire une visite aux eaux dont ils se seront déjà bien trouvés.

LA CYSTITE ET LE CATARRHE DE LA VESSIE.

« Cette affection est souvent la conséquence de la gravelle; elle constitue une complication qui en entrave la marche et en retarde la guérison.

« La cystite, et principalement la cystite du col, se montre très-fréquemment chez les hommes, qui y sont plus sujets que les femmes.

« Les causes qui peuvent déterminer la cystite sont très nombreuses : le passage dans la vessie des sables, graviers, concrétions et calculs, le cathétérisme, les rétrécissements du canal, le séjour prolongé des sondes dans la vessie, la propagation de la phlegmasie urétrale, les injections trop irritantes ou intempestives.

« Dans la plupart des cas, le malade éprouve d'abord une douleur sourde à la région hypogastrique, puis de fréquents besoins d'uriner qu'il ne peut jamais satisfaire complétement. Il survient alors un mouvement fébrile très-intense. La vessie, continuellement excitée par la présence de l'urine, ne cesse de se contracter, et ce n'est qu'avec les plus grands efforts que les malades peuvent rendre quelques gouttes d'un liquide troublé, épais, déposant des mucosités analogues à l'albumine de l'œuf et adhérentes aux parois du vase. L'inflammation peut devenir tellement intense, qu'il survienne une rétention complète d'urine et que le malade ne puisse être soulagé que par le cathétérisme.

« La cystite peut passer à l'état chronique et durer plusieurs années; c'est cet état chronique que l'on a désigné sous le nom de catarrhe vésical. Autrement, la durée de la cystite aiguë ne se prolonge guère au delà de huit à dix jours, et se termine le plus souvent par résolution.

« Nous n'avons pas à parler des moyens thérapeutiques ordinaires de combattre la cystite et des médicaments divers qui ont été préconisés ; mais lorsque le médecin a constaté cette affection à l'état chronique, accompagnée si souvent, en ce cas, du catarrhe vésical, et que les moyens habituels ont été reconnus impuissants, le malade n'a d'autre recours que les eaux minérales. Celles de Contrexéville, en particulier, opèrent sur la cystite et le catarrhe vésical des effets curatifs constatés par la publication d'un nombre très-considérable de cas de guérison.

LA PROSTATITE.

« Son nom, *pro*, *stat*, indique le siége habituel de cette affection. La prostate est une glande située sur la ligne médiane, à la partie inférieure du col vésical qu'elle embrasse intimement. Sa forme peut être comparée à celle d'un cône tronqué dont le sommet correspondrait au point où commence la portion membraneuse de l'urètre.

« La prostate demeure dans une espèce de loge aponévrotique très-résistante; elle tire sa nourriture des vaisseaux du voisinage. Le tissu de la prostate est dense, résistant, criant sous le scalpel, ce qui est dû à la proportion assez forte du tissu fibreux dont elle se compose.

« Cette glande diffère de grosseur selon l'âge des individus; à l'état rudimentaire chez l'enfant, elle peut devenir énorme chez le vieillard. Il est extrêmement rare de la voir manquer complétement.

« Plusieurs causes peuvent déterminer les affections de la glande prostate; l'engorgement qui s'y produit est quelquefois la conséquence de la gravelle, lorsque les concrétions ont été retenues dans l'intérieur de cette glande.

« Ici, comme dans toutes les inflammations, les antiphlogistiques tiennent le premier rang. Ainsi : saignées générales, surtout locales, bains entiers, cataplasmes au périnée, lavements émollients, souvent aussi la cautérisation pratiquée à l'aide du porte-caustique Lallement.

« Malgré l'emploi de tous ces moyens, la vitalité de cette glande est si peu considérable que l'induration peut persister quand même. Alors, comme pour la cystite, la cure par les eaux minérales fait disparaître cette induration, rebelle jusqu'alors à tous les autres modes de traitement.

LA GOUTTE.

« Nous n'avons certes pas à nous occuper ici du traitement général de la goutte. Il nous suffira de bien marquer en quoi les eaux minérales de Contrexéville agissent sur la guérison de cette affection. Le docteur Baud, avant nous, a presque épuisé la question en son *Mémoire.*

« Les goutteux qui viennent chercher la guérison à la source de Contrexéville sont sûrs au moins d'y trouver un soulagement à leurs souffrances. Le premier effet qu'ils éprouvent est le plus souvent une attaque aiguë, mais de courte durée et sans gravité, sur l'une des articulations d'ordinaire affectées. En même temps, leur sécrétion urinaire est suractivée, et produit en abondance des sédiments uriques, parfois même des calculs peu volumineux. Mais, après cette première débâcle, les bons effets de la cure ne tardent pas à se faire sentir. Les goutteux recouvrent assez vite l'intégrité organique et fonctionnelle des articulations affectées depuis peu, et les autres, celles qui les faisaient souffrir depuis plus longtemps, suivent le mouvement général d'amélioration. Les concrétions tophacées contenues dans les tissus diminuent, se résorbent, s'éliminent progressivement, et l'organisme entier tend alors à reprendre l'équilibre de la santé.

« Tels sont, à peu de choses près, tous les effets immédiatement signalés par les goutteux eux-mêmes. Après une saison, mais surtout après plusieurs saisons passées aux eaux, durant l'hiver, et loin de la source, les malades continuent à ressentir son heureux effet, et nombre d'entre eux, ayant recouvré la pleine liberté de leurs mouvements, se complaisent, à juste titre, à attribuer leur bien-être inespéré à l'eau bienfaisante.

« Nous n'avons encore parlé que de la goutte aigue ; il nous resterait à parler de la goutte chronique. En ce qui concerne spécialement Contrexéville, nous devons recourir au mémoire de M. Baud :

« Sous cette nouvelle forme, la scène est changée ; le « dynanisme normal et le dynamisme morbide du sujet « sont tombés au-dessous de zéro ; ses fonctions viscéra- « les, aussi bien que ses actes organiques, portent l'em- « preinte de l'imperfection et de l'allanguissement. Sa

« maladie ne se compose plus de crises actives, séparées « par des intervalles plus ou moins prolongés de bonne « santé ; elle est continue, et cette continuité est seule- « ment traversée par des assauts crisiaques avortés, qui « compliquent le désordre au lieu de le réprimer.

« La goutte est devenue podagre, en un mot. Les sécré- « tions du malade, suracidées à la première époque, « passent à l'alcalinité. Parallèlement et solidairement, « en quelque sorte, ses séreuses et ses muqueuses sont le « siége passif d'une habituelle hypercrinie. Sous ce type, « la diathèse phosphatique s'est nettement dessinée en « opposition avec la diathèse urique.

« Tous les goutteux de ce degré que j'ai observés aux « sources de Contrexéville présentaient dans leurs anté- « cédents l'un des faits suivants : il étaient arrivés, par « l'irrésistible courant des années, aux phases décrois- « santes de leur âge et de leur maladie ; ils avaient usé « d'une manière précoce leurs ressources dynamiques par « d'habituels excès ou par un régime vicieux ; ils avaient « été assaillis par de graves ébranlements moraux ; ils « avaient fréquemment eu recours à l'un de ces traite- « ments décevants, composés surtout d'évacuants, qui « n'affaiblissent la maladie que d'autant qu'ils débilitent « le malade ; ils avaient cédé à l'entraînement général « pour la médication alcaline, poussée jusqu'à l'abus « qui lui est spécial, qui, pour les goutteux surtout, est « plus près qu'on ne le pense de l'opportunité d'indi- « cation, et en face de laquelle la médication contrexé-

« villaine peut nettement poser son appel de vicieuse,
« logique et dangereuse pratique, elle qui, alcaline
« aussi, guérit surtout ou améliore les goutteux, et leurs
« consorts les graveleux, d'autant qu'elle les *désalca-*
« *linise.*

« La goutte, ainsi dégénérée, fournit les exemples les
« plus remarquables de l'efficacité de l'eau de Contrexé-
« ville, et les heureux effets qu'elle en éprouve peuvent se
« résumer en une réhabilitation organique et fonctionnelle
« générale. »

Sur cette question qui termine le présent aperçu des ressources de la cure de Contrexéville, on doit ajouter que les auteurs du *Dictionnaire d'hydrologie* font leurs réserves et n'admettent pas tout à fait que ces eaux exercent sur la diathèse goutteuse l'action prononcée qui lui est attribuée par MM. Mamelet et Baud. M. Rotureau n'en nie pas l'utilité dans certains accidents compliquant ordinairement la goutte, mais ne veut pas conclure de là qu'elles guérissent radicalement cette maladie, soit à son début, soit lorsqu'elle a déjà produit de grands ravages. « J'ai entendu, dit aussi M. Legrand du Saulle, des récits merveilleux de la part d'anciens malades qui se considéraient comme guéris; je n'ai accepté ces faits que sous le plus rigoureux bénéfice d'inventaire. J'aime mieux suspendre mon jugement que de me laisser bercer par de trop douces illusions. »

A cela M. Treuille conclut : « L'efficacité de l'eau de

Contrexéville sur les goutteux nous semble prouvée d'une manière irréfutable, et, sur ce point au moins, les médecins qui connaissent ces sources sont généralement d'accord. »

Ceci ne veut pas dire guérison sans doute, mais n'est-ce pas immense déjà que d'avoir obtenu, en suivant une cure facile, la croyance de la guérison ?

www.ingramcontent.com/pod-product-compliance
Ingram Content Group UK Ltd.
Pitfield, Milton Keynes, MK11 3LW, UK
UKHW021208230726
13926UKWH00001B/388